Bestimmung der Rohrweiten von Dampfleitungen, insbesondere von Niederdruck- und Unterdruck-Dampfleitungen

von

JOHANN SCHMITZ,

Oberingenieur der Abteilung Heizung der Firma Gebr. Körting A.-G.,
Hannover-Linden

1925

Verlag von R. Oldenbourg / München und Berlin

Vorwort.

Die in der Heiztechnik üblichen Hilfstabellen zur Bestimmung der Rohrweiten sind hauptsächlich in Rietschels Leitfaden der Heiz- und Lüftungstechnik vorzufinden. Sie sind für die Berechnung von Hochdruckdampfleitungen und als Sonderfall für Niederdruckdampfleitungen von 0,1 at Überdruck bestimmt und erstrecken sich auf Rohrweiten bis 300 mm. Das Tabellenwerk ist für die Rohrleitungen von Fernheizungen und Abwärmeanlagen jedoch häufig nicht mehr ausreichend. Rohrleitungen über 300 mm kommen heute in zahlreichen Heizanlagen vor. Weiterhin fehlt bisher ein handliches Tabellenmaterial zur Bestimmung von Unterdruckdampf-(Vakuumdampf-)Leitungen.

Das vorliegende Heftchen füllt diese Lücken aus.

Dasselbe löst diese Aufgaben vom Standpunkt des praktischen Bureaugebrauchs, es ist die Rechenarbeit auf einfache Multiplikationen mittels Rechenschiebers beschränkt geblieben, was jedem Praktiker willkommen sein wird.

Hannover, November 1924.

Schmitz.

Die Bedeutung der in den Gleichungen benutzten Zeichen:

p = Druck des Dampfes in kg/m² (mm WS),

p_2 = Druck am Anfang einer Teilstrecke in kg/m² (mm WS),

p_1 = Druck am Ende einer Teilstrecke in kg/m² (mm WS),

Q = stündliche Dampfmenge in kg,

W = stündliche Wärmemenge in Wärmeeinheiten (kgcal),

d = lichter Durchmesser der Teilstrecke in mm,

l = Länge der Teilstrecke in m,

γ = Raumgewicht (kg/m³),

λ = Verdampfungswärme für 1 kg Dampf WE/kg,

q = Wärmeverluste für 1 m Rohrleitung WE/m,

Q_2 = am Anfang in die Teilstrecke eintretende stündliche Dampfmenge in kg,

Q_1 = am Ende aus der Teilstrecke austretende stündliche Dampfmenge in kg,

Z_1 = Widerstand für den einmaligen Widerstand 1 in kg/m² (mm WS),

g = Beschleunigung der Schwere m/s² (9,81),

v = mittlere Stromgeschwindigkeit in der Teilstrecke m/s.

Bestimmung der Rohrweiten von Dampfleitungen, insbesondere von Niederdruck- und Unterdruck-Dampfleitungen.

Die in »H. Rietschels Leitfaden der Heiz- und Lüftungstechnik« gegebenen Berechnungen und Hilfstafeln für die Bestimmung von Dampfrohrleitungen sind ausgehend von der im 3. Abschnitt der 6. Auflage gegebenen allgemeinen Theorie im 4. Abschnitt für Hochdruckdampfheizung und für Niederdruckdampfheizung ausgearbeitet worden.

Die Gleichungen für die Rohrleitungen der letztgenannten Heizung sind aus denen für die Hochdruckdampfheizung abgeleitet, indem die Zustandsgrößen des Dampfes für den Sonderfall: Niederdruckdampf von ca. 0,1 atü in die Gleichung als Konstante eingesetzt worden sind.

Bei Unterdruckdampf-(Vakuumdampf-)Leitungen ist wegen der in diesem Druckgebiet besonders stark veränderlichen Zustandsgrößen die Einführung von konstanten Werten in die Rechnung nicht angängig.

Will man die Berechnung der vorstehend genannten Rohrleitungen durchführen, so ist das, von den im Rietschel gegebenen Gleichungen ausgehend, ohne weiteres möglich, wenn man die veränderlichen Zustandsgrößen der jeweiligen Höhe des Dampfdruckes entsprechend einsetzt. Im nachstehenden wird die Aufstellung dieser Berechnungsgleichungen gezeigt und dieselben auf eine für den Bureaugebrauch bequeme Verwendungsform gebracht.

Die Berechnung der Rohrleitung hat sich, wie als allgemein bekannt vorausgesetzt werden darf, auf die Rohrreibungswiderstände und die Berücksichtigung der sog. einmaligen Bewegungswiderstände zu erstrecken.

1. Rohrreibungswiderstände.

Läßt man in der Gleichung 69) S. 61 der 6. Aufl. des Leitfadens für die Dampfdichte γ diese Bezeichnung statt des Wertes der Gleichung 67 bestehen, so erhält Gleichung 69) die Form:

$$\frac{dp}{dl} = \frac{5,66 \cdot 10^{7,412}}{(9\,\pi)^{1,853}} \cdot \frac{Q^{1,853}}{d^{4,987}} \cdot \frac{1}{\gamma} .$$

Führt man die Rechnung wie im Leitfaden angegeben weiter mit der Beziehung [Gleichung 70) des Leitfadens]

$$\frac{1}{d\,l} = \frac{q}{dQ} ,$$

so ergibt sich

$$dp = \frac{5,66 \cdot 10^{7,412}}{(9\,\pi)^{1,853}} \cdot \frac{Q^{1,853}\,dQ}{d^{4,987} \cdot q} \cdot \frac{1}{\gamma} .$$

Die Integration zwischen den Grenzen 0 und l ergibt den Druckverlust des Dampfes in der Rohrstrecke von der Länge l zu:

$$p_2 - p_1 = 298\,830 \, \frac{Q_2^{2,853} - Q_1^{2,853}}{2,853\,q} \cdot \frac{1}{\gamma} \cdot \frac{1}{d^{4,987}} .$$

Die Dichtigkeit des Dampfes ist an sich mit dem Dampfdruck veränderlich, sie ist jedoch für den jeweiligen Druckbereich zwischen p_2 und p_1 als unveränderlich angenommen und bleibt daher bei der Integration als konstanter Wert stehen.

Die Division der vorstehenden Gleichung durch l ergibt den Druckverlust in der Rohrleitung für 1 m

$$\frac{p_2 - p_1}{l} = 298\,830 \, \frac{Q_2^{2,853} - Q_1^{2,853}}{2,853\,q\,l} \cdot \frac{1}{\gamma} \cdot \frac{1}{d^{4,987}} .$$

Folgt man nun weiter der im Leitfaden gegebenen Entwicklung, so ist

$$\frac{p_2 - p_1}{l} = 298\,830 \, \frac{Q_1^{2,853}}{2,853\,q\,l} \left[\left(\frac{Q_2}{Q_1} \right)^{2,853} - 1 \right] \frac{1}{\gamma} \cdot \frac{1}{d^{4,987}} .$$

und weil nach Gleichung 77) des Leitfadens

$$\left(\frac{Q_2}{Q_1} \right)^{2,853} - 1 = \frac{2,853\,q\,l}{Q_1^{2,853}} \left(Q_1 + \frac{q\,l}{2} \right)^{2,853\,-1}$$

ist

$$\frac{p_2 - p_1}{l} = 298\,830 \left(Q + \frac{q\,l}{2} \right)^{1,853} \cdot \frac{1}{\gamma} \cdot \frac{1}{d^{4,987}} .$$

Setzt man

$$Q + \frac{q\,l}{2} = 1,05\,Q,$$

so bedeutet das, da $q\,l$ die Wärmeverluste der jeweiligen Rohrstrecke darstellen, eine Berücksichtigung von $2 \cdot 0,05 = 0,1$ oder 10% für Wärmeverluste. Unter Berücksichtigung dieser Vereinfachung lautet die entwickelte Gleichung nunmehr

$$\frac{p_2 - p_1}{l} = 298\,830\,(1,05\,Q)^{1,853} \cdot \frac{1}{\gamma} \cdot \frac{1}{d^{4,987}}$$

und bei gegebenem d für Q aufgelöst

$$Q = 0,0010565 \cdot \sqrt[1,853]{\frac{p_2 - p_1}{l}} \cdot \sqrt[1,853]{\gamma} \cdot d^{2,6913} \quad \ldots \ldots \text{1)}$$

Wenn statt der Dampfmenge Q kg/h die Wärmemenge W cal/h gesucht wird, so ist die Gleichung mit der Verdampfungswärme λ zu multiplizieren, und es ist

$$W = 0,0010565 \cdot \sqrt[1,853]{\frac{p_2 - p_1}{l}} \cdot \lambda \sqrt[1,853]{\gamma} \cdot d^{2,6913} \quad \ldots \ldots \text{2)}$$

Sind Q bzw. W gegeben, so lautet die Gleichung für d aufgelöst:

$$d = 12,753 \left(\frac{W}{\lambda} \right)^{0,3715} \left(\frac{1}{\dfrac{p_2 - p_1}{l}} \right)^{0,2} \left(\frac{1}{\gamma} \right)^{0,2} \quad \ldots \text{3)}$$

Ist als letzter Fall die Rohrweite festgelegt, so ergibt sich aus Gleichung 3)

$$\left(\frac{1}{\dfrac{p_2 - p_1}{l}} \right)^{0,2} = \frac{d}{12,753 \left(\dfrac{W}{\lambda} \right)^{0,3715} \left(\dfrac{1}{\gamma} \right)^{0,2}} \quad \ldots \text{4)}$$

Der Wert der linken Seite dieser Gleichung läßt sich aus den Werten der Tafel 1 ohne weiteres bestimmen, wonach dann der Druckverlust für 1 lfd. m Rohrleitung $\dfrac{p_2 - p_1}{l}$ aus derselben Tafel entnommen werden kann.

Die vorstehenden Gleichungen gelten für Sattdampf. In der Praxis ist, insbesondere bei Verwendung von Maschinenabdampf und von in Niederdruckdampfkesseln erzeugtem Dampf, stets Sattdampf vorhanden.

Mit der für W abgeleiteten Gleichung 2) sind die dieser Schrift beigegebenen Tabellen 6 bis 18 über die geförderten Wärmemengen berechnet worden, für deren Benutzung Erläuterungen nicht notwendig erscheinen.

Eine besonders wertvolle Hilfstafel ist die Tafel 1 zur Berechnung der Rohrdurchmesser nach Gleichung 3).

Der erste Buchstabenfaktor der Gleichung 3) ist durch die für $\left(\dfrac{W}{\lambda} \right)^{0,3715}$ ausgerechneten Produkte $(a \cdot b)^{0,3715}$ in einer Tabelle für Dampfmengen bis 100000 kg/h dargestellt. Zwischenwerte zwischen den Produkten können hinreichend genau durch Interpolation ermittelt werden. Für die übrigen Faktoren der Gleichung sind ebenfalls die in Frage kommenden Werte ausgerechnet, so daß umfangreiche Rohrnetze für Unterdruckdampf und für Dampf bis 2 at abs. nur unter Zuhilfenahme eines Rechenschiebers in schnellster Weise berechnet werden können. Mit der Tafel 1 ist die Berechnung der Rohrnetze für Städteheizungen besonders einfach geworden.

2. Einmalige Bewegungswiderstände.

Der einmalige Widerstand 1 wird in bekannter Weise ausgedrückt durch die Geschwindigkeitshöhe $\frac{v^2}{2g}$ multipliziert mit der spez. Dichte γ

$$Z_1 = \frac{v^2}{2g} \gamma.$$

Ersetzt man v durch die Beziehung

$$v = \frac{Q \cdot 10^6}{\frac{d^2 \pi}{4} \cdot 3600 \, \gamma},$$

so ergibt sich nach Ausrechnung

$$Z_1 = 6360 \frac{Q^2}{d^4} \frac{1}{\gamma},$$

wofür man auch hinreichend genau schreiben kann

$$Z_1 = \left(\frac{80 \, Q}{d^2}\right)^2 \frac{1}{\gamma} \quad \ldots \ldots \ldots \quad 5)$$

Rechnet man statt der Dampfmenge Q mit der stündlich zu fördernden Wärmemenge W, so lautet die Gleichung, wenn man Q durch $\frac{W}{\lambda}$ ersetzt,

$$Z_1 = \left(\frac{80 \, W}{d^2}\right)^2 \frac{1}{\gamma \lambda^2} \quad \ldots \ldots \ldots \quad 6)$$

Für die ersten Faktoren der Gleichungen 5) und 6) sind ebenfalls Tafeln (2 bis 5) für den Widerstand $Z = 1$ aufgestellt und zwar für Dampfmengen Q bzw. Wärmemengen W von 100 bis 100000 und für Rohrleitungen von 11 bis 1000 mm. Zwischenwerte entnimmt man durch Interpolation. In die Tabellen sind jedoch nicht die oben genannten Werte

$$\left(\frac{80 \, Q}{d^2}\right)^2 \text{ bzw. } \left(\frac{80 \, W}{d^2}\right)^2$$

sondern aus für die bequemere Rechnung praktischen Gründen die Werte

$$\left(\frac{80 \, Q}{100 \, d^2}\right)^2 \text{ bzw. } \left(\frac{80 \, W}{100 \, d^2}\right)^2$$

eingetragen.

Dafür erhalten die obigen Gleichungen 5) und 6) für den einmaligen Widerstand $Z = 1$ bei ihrer Anwendung unter Zuhilfenahme der Tabellenwerte die Form

$$Z_1 = \left(\frac{80 \, Q}{100 \, d^2}\right)^2 \frac{10\,000}{\gamma} \quad \ldots \ldots \ldots \quad 5a)$$

bzw.

$$Z_1 = \left(\frac{80 \, W}{100 \, d^2}\right)^2 \frac{10\,000}{\gamma \lambda^2} \quad \ldots \ldots \ldots \quad 6a)$$

Bei der Berechnung des Druckverlustes mehrerer Teilstrecken ist es zweckmäßig, die aus den Tabellen entnommenen Werte jeweils, also nur die ersten Faktoren der Gleichungen 5a) und 6a), mit der Zahl der Einzelwiderstände zu multiplizieren. Nach Addition der auf diese Weise ermittelten Zahlenwerte ist diese Summe mit $\frac{10\,000}{\gamma}$ bzw. $\frac{10\,000}{\gamma \lambda^2}$ zu multiplizieren.

Die Anwendung des Tabellenmaterials im Bureaugebrauch vollzieht sich nunmehr folgendermaßen:

Das für ein Rohrnetz verfügbare Druckgefälle wird zunächst um den schätzungsweisen Betrag des einmaligen Widerstandes (siehe Rietschel, 6. Aufl., 2. Teil, Tab. 19) vermindert. Der verbleibende Rest wird dann als für Rohrreibung verfügbar auf die zu berechnende Rohrstrecke verteilt und der Druckverlust für 1 lfd. m Rohr in der jeweilig zu berechnenden Rohrstrecke festgelegt. Sodann werden die Werte $\frac{W}{\lambda} = Q = a \cdot b$ und γ für den mittleren Druck der zu berechnenden Rohrstrecke bestimmt und aus der Tafel 1 nach der oben abgeleiteten Gleichung 3) mit Hilfe der Tabellenwerte der Rohrdurchmesser berechnet. Wird die Aufrundung des errechneten Rohrdurchmessers bei Rohren bis 300 mm auf ein Handelsmaß oder bei größeren Rohren mit Rücksicht auf die für die Rohrleitung zur Verwendung kommenden Bleche, für zweckmäßig gehalten, so wird nach Gleichung 4) mit den schon vorhandenen Zahlenwerten der vorherigen Rechnung das Druckgefälle für 1 lfd. m Rohr besonders berechnet.

Nach der nunmehr erfolgten Festlegung der Rohrweite ist es erforderlich, die einmaligen Widerstände gemäß Gleichung 5a) bzw. 6a) unter Zuhilfenahme der dafür aufgestellten Tabellen zu bestimmen, um die für diese Widerstände bei Beginn der Rechnung vorgesehene Druckhöhe Z ausreichend war.

Weicht dieses Ergebnis erheblich von dem vorgesehenen Werte ab, so kann die Rechnung, da die zur Verwendung kommenden Zahlengrößen aus der ersten Rechnung alle bekannt sind, leicht berichtigt werden.

Im Zusammenhang mit der Frage der Genauigkeit der Berechnung sei noch erwähnt, daß bei stoßweise auftretenden Dampfmengen die stündliche Dampfmenge besonders vorsichtig ermittelt werden muß. Liefert z. B. eine Fördermaschine auf einem Bergwerk 500 kg Dampf in einer Zeit von 2 min, so ist die Rohrleitung für eine stdl. Dampfmenge von $\frac{500 \cdot 60}{2} = 15\,000$ kg zu berechnen, während bei etwaiger Pause von weiteren 2 min die tatsächlich gelieferte Dampfmenge $\frac{500 \cdot 60}{4} = 7500$ kg Dampf beträgt. In die Rechnung ist in diesem Falle nicht $Q = 7500$, sondern $Q = 15\,000$ kg einzusetzen, wenn das in der Leitung zu verbrauchende Druckgefälle nicht überschritten bzw. der Gegendruck auf die Maschine nicht zu groß werden soll.

Die Wärmeverluste sind, wie oben erwähnt, mit 10% der zu fördernden Dampfmengen in den Gleichungen berücksichtigt. Bei verzweigten Rohrnetzen wird man nachprüfen, ob dieser Zuschlag ausreichend ist. Es wird auf die diesbezüglichen Angaben im Rietschel verwiesen.

Berechnung der Rohrdurchmesser von Sattdampfleitungen.

Gleichung: $d_{(mm)} = 12,753 \left(\dfrac{W}{\lambda}\right)^{0,3715} \cdot \left(\dfrac{1}{\frac{p_2-p_1}{l}}\right)^{0,2} \cdot \left(\dfrac{1}{\gamma}\right)^{0,2}$

Werte: $\left(\dfrac{W}{\lambda}\right)^{0,3715} = (a \cdot b)^{0,3715}$

a ↓ \ b →	1,0	1,2	1,4	1,6	1,8	2,0	2,5	3,0	3,5	4,0	4,5	5,0	5,5	6,0	6,5	7,0	7,5	8,0	8,5	9,0	9,5	10,0
1,0	1,000	1,070	1,133	1,191	1,244	1,294	1,405	1,504	1,593	1,674	1,748	1,818	1,884	1,964	2,004	2,060	2,114	2,165	2,214	2,262	2,303	2,353
10,0	2,353	2,517	2,665	2,801	2,926	3,043	3,306	3,538	3,746	3,937	4,113	4,277	4,431	4,527	4,715	4,847	4,972	5,093	5,210	5,321	5,429	5,533
100	5,533	5,921	6,270	6,582	6,884	7,159	7,777	8,322	8,813	9,261	9,675	10,062	10,424	10,767	11,092	11,402	11,694	11,981	12,254	12,517	12,771	13,012
1000	13,012	13,929	14,750	15,500	16,193	16,840	18,295	19,577	20,731	21,786	22,760	23,668	24,521	25,327	26,092	26,820	27,516	28,184	28,826	29,444	30,042	30,620
10000	30,620	32,765	34,697	36,461	38,092	39,613	43,036	46,052	48,766	51,247	53,540	55,676	57,681	59,577	61,376	63,090	64,726	66,300	67,810	69,263	70,667	72,030

Werte: $\left(\dfrac{1}{\frac{p_2-p_1}{l}}\right)^{0,2}$

$\frac{p_2-p_1}{l}$	2	3	4	6	8	10	12,5	15	17,5	20	25	30	35	40	45	50	55	60	65	70	75	80	85	90	95	100
$\left(\frac{1}{\frac{p_2-p_1}{l}}\right)^{0,2}$	0,870	0,800	0,768	0,698	0,659	0,630	0,603	0,581	0,563	0,549	0,524	0,505	0,490	0,477	0,466	0,456	0,448	0,440	0,433	0,427	0,421	0,415	0,410	0,406	0,401	0,397

Werte von λ, γ und $\left(\dfrac{1}{\gamma}\right)^{0,2}$ bei Dampfdrücken von 0,1 bis 2 Atm. abs.

p	0,10	0,15	0,20	0,25	0,30	0,35	0,40	0,50	0,60	0,70	0,80	0,90	1,0	1,1	1,2	1,4	1,6	1,8	2,0	Atm. abs.
λ	570,4	565,9	562,6	559,8	557,5	555,5	553,7	550,5	547,8	545,5	543,3	541,4	539,7	538,4	536,5	533,7	531,2	528,9	526,8	
γ	0,06763	0,09814	0,12858	0,1586	0,1881	0,2174	0,2463	0,3036	0,3601	0,4160	0,4713	0,5262	0,5807	0,6349	0,6687	0,7955	0,9013	1,0062	1,1104	
$\left(\frac{1}{\gamma}\right)^{0,2}$	1,72	1,59	1,51	1,45	1,40	1,36	1,33	1,27	1,23	1,19	1,16	1,14	1,12	1,095	1,077	1,047	1,021	1,000	0,979	

Hilfstafel zur Berechnung der einmaligen Widerstände.

Werte $\left(\dfrac{80 \cdot Q}{100 \cdot d^2}\right)^2$ bezw. $\left(\dfrac{80 \cdot W}{100 \cdot d^2}\right)^2$ für stündl. Dampf $= (Kg/st.)$ bezw. Wärmemenge $(W.E./st.)$ von 100 bis 3000.

I.D. ᵐ/ₘ	100	200	300	400	500	600	700	800	900	1000	1200	1400	1600	1800	2000	2500	3000
11	9,4	1,7	3,9	7,0	11,0	16,0	21,0	28,0	35,0	44,0	63,0	86,0	112,0	142,0	175,0	273,0	393,0
14	0,17	0,67	1,5	2,7	4,2	6,0	8,0	11,0	13,0	17,0	24,0	33,0	43,0	54,0	67,0	104,0	150,0
20	0,04	0,16	0,36	0,64	1,00	1,4	2,0	2,6	3,2	4,0	6,0	8,0	10,0	13,0	16,0	25,0	36,0
25	0,02	0,07	0,15	0,26	0,41	0,59	0,80	1,05	1,30	1,60	2,40	3,20	4,20	5,30	7,00	10,0	15,0
34	0,005	0,019	0,043	0,077	0,120	0,172	0,235	0,307	0,388	0,479	0,690	0,939	1,226	1,552	1,916	2,993	4,310
39	0,003	0,011	0,025	0,044	0,069	0,100	0,136	0,177	0,224	0,277	0,398	0,542	0,708	0,896	1,106	1,729	2,489
43	0,002	0,007	0,0168	0,030	0,0468	0,0674	0,092	0,120	0,152	0,187	0,260	0,367	0,480	0,606	0,749	1,170	1,685
49	0,0011	0,0044	0,0099	0,018	0,0280	0,0400	0,054	0,071	0,090	0,111	0,160	0,220	0,284	0,360	0,444	0,693	1,000
57	0,0006	0,0024	0,0055	0,0097	0,0152	0,0220	0,030	0,039	0,049	0,061	0,087	0,120	0,155	0,196	0,248	0,380	0,550
64	0,00038	0,00153	0,0034	0,0061	0,0095	0,0140	0,019	0,024	0,031	0,038	0,055	0,075	0,098	0,124	0,153	0,238	0,343
70	0,00026	0,00107	0,0024	0,0043	0,0067	0,0096	0,0130	0,0170	0,021	0,027	0,038	0,052	0,068	0,086	0,106	0,166	0,240
76	0,00019	0,00077	0,0017	0,0031	0,0048	0,0069	0,0094	0,0123	0,0155	0,0192	0,0276	0,0376	0,049	0,062	0,077	0,120	0,173
82	0,00014	0,00056	0,0013	0,0023	0,0035	0,0051	0,0069	0,0091	0,0115	0,0142	0,0204	0,0280	0,036	0,046	0,057	0,089	0,127
88	0,00011	0,00043	0,00096	0,0017	0,0027	0,0038	0,0052	0,0068	0,0086	0,0107	0,0154	0,0209	0,0273	0,035	0,0427	0,067	0,096
94	0,00008	0,00033	0,00074	0,0013	0,0020	0,0029	0,0040	0,0052	0,0066	0,0082	0,0118	0,0161	0,0210	0,027	0,0330	0,051	0,074
100	0,000064	0,000256	0,00058	0,0010	0,0016	0,0023	0,0031	0,0041	0,0052	0,0064	0,0092	0,0130	0,0160	0,021	0,0256	0,040	0,057
106	0,000051	0,000200	0,00046	0,00081	0,00127	0,0018	0,0025	0,0032	0,0041	0,0051	0,0073	0,0099	0,0130	0,016	0,0200	0,032	0,046
113	0,000039	0,000160	0,00035	0,00063	0,00098	0,0014	0,0020	0,0025	0,0032	0,0039	0,0056	0,0073	0,0100	0,013	0,0160	0,025	0,035
119	0,000032	0,000130	0,00029	0,00051	0,00080	0,0011	0,0016	0,0020	0,0026	0,0032	0,0046	0,0063	0,0082	0,0103	0,0130	0,020	0,029
131	0,000022	0,000087	0,00020	0,00035	0,00054	0,00078	0,0011	0,0014	0,0018	0,0022	0,0031	0,0043	0,0055	0,0070	0,0087	0,014	0,020
143	0,000015	0,000061	0,00014	0,00024	0,00038	0,00055	0,00075	0,00098	0,0012	0,0015	0,0022	0,0030	0,0039	0,0050	0,0061	0,0098	0,014
156	0,000011	0,000043	0,000097	0,00017	0,00027	0,00039	0,00053	0,00069	0,00088	0,0011	0,0016	0,0021	0,0028	0,0035	0,0043	0,0067	0,0097
169		0,000032	0,000071	0,000125	0,000200	0,000282	0,000384	0,000502	0,000636	0,000785	0,0011	0,0015	0,0020	0,0025	0,0031	0,0049	0,0071
192		0,000019	0,000042	0,000075	0,000120	0,000170	0,000230	0,000300	0,000380	0,00047	0,00068	0,00092	0,0012	0,0015	0,0019	0,0029	0,0042
216		0,000012	0,000026	0,000047	0,000074	0,000110	0,000140	0,000190	0,000240	0,00029	0,00042	0,00057	0,00075	0,00095	0,0011	0,0018	0,0026
241		0,0000076	0,000017	0,000030	0,000047	0,000068	0,000093	0,000126	0,000150	0,00019	0,00027	0,00037	0,00048	0,00061	0,00076	0,0012	0,0017
264		0,0000053	0,000012	0,000021	0,000033	0,000047	0,000065	0,000084	0,000110	0,00013	0,00019	0,00026	0,00034	0,00043	0,00053	0,00082	0,0012
290		0,0000036	0,0000081	0,000014	0,000023	0,000033	0,000044	0,000058	0,000073	0,000090	0,00013	0,00018	0,00023	0,00029	0,00036	0,00057	0,00081

Hilfstafel zur Berechnung der einmaligen Widerstände.

Tafel : 3

Werte $\left(\dfrac{80\cdot Q}{100\cdot d^2}\right)^2$ bezw. $\left(\dfrac{80\cdot W}{100\cdot d^2}\right)^2$ für stündl. Dampf = (Kg/st.) bezw. Wärmemenge (W.E./st.) von 3500 bis 1600o.

I.D. mm	3500	4000	4500	5000	5500	6000	6500	7000	7500	8000	8500	9000	9500	10000	12000	14000	16000
11	535,0	699,0															
14	204,0	267,0	337,0	417,0	504,0	600,0	704,0	816,0									
20	49,0	64,0	81,0	100,0	121,0	144,0	169,0	196,0	225,0	256,0	289,0	324,0	361,0	400,0	576,0	784,0	1024,0
25	20,0	26,0	33,0	41,0	50,0	59,0	69,0	80,0	92,0	105,0	118,0	133,0	148,0	164,0	236,0	321,0	419,0
34	5,87	7,66	9,70	12,0	14,0	17,0	20,0	23,0	27,0	31,0	35,0	39,0	43,0	48,0	69,0	94,0	123,0
39	3,388	4,426	5,601	6,92	8,37	9,96	12,0	14,0	16,0	18,0	20,0	22,0	25,0	28,0	40,0	54,0	71,0
43	2,293	3,0	3,791	4,68	5,66	6,74	7,91	9,17	11,0	12,0	14,0	15,0	17,0	19,0	27,0	37,0	48,0
49	1,36	1,78	2,25	2,78	3,36	4,0	4,69	5,44	6,25	7,11	8,02	8,99	10,0	11,0	16,0	22,0	28,0
57	0,743	0,970	1,23	1,52	1,83	2,18	2,56	2,97	3,41	3,88	4,4	4,91	5,47	6,06	8,73	12,0	16,0
64	0,467	0,610	0,772	0,954	1,154	1,373	1,61	1,87	2,15	2,44	2,76	3,09	3,44	3,81	5,5	7,5	9,77
70	0,326	0,426	0,54	0,666	0,806	0,996	1,126	1,306	1,5	1,706	1,93	2,16	2,40	2,66	3,84	5,22	6,8
76	0,235	0,307	0,388	0,48	0,580	0,690	0,810	0,94	1,08	1,23	1,386	1,553	1,731	1,92	2,76	3,76	4,9
82	0,173	0,226	0,287	0,354	0,428	0,51	0,598	0,694	0,796	0,906	1,02	1,15	1,28	1,42	2,04	2,8	3,6
88	0,131	0,171	0,216	0,267	0,323	0,384	0,451	0,523	0,601	0,684	0,772	0,865	0,964	1,07	1,54	2,09	2,73
94	0,100	0,131	0,166	0,205	0,248	0,295	0,346	0,401	0,461	0,525	0,59	0,664	0,74	0,82	1,180	1,607	2,1
100	0,078	0,102	0,13	0,160	0,194	0,23	0,27	0,314	0,36	0,41	0,46	0,52	0,58	0,640	0,92	1,3	1,6
106	0,062	0,081	0,103	0,127	0,153	0,182	0,214	0,248	0,285	0,324	0,37	0,41	0,46	0,51	0,73	0,99	1,3
113	0,048	0,062	0,079	0,098	0,12	0,14	0,166	0,192	0,22	0,251	0,28	0,32	0,35	0,392	0,56	0,77	1,0
119	0,039	0,051	0,065	0,080	0,096	0,115	0,135	0,156	0,18	0,204	0,23	0,26	0,29	0,32	0,46	0,63	0,82
131	0,027	0,035	0,044	0,054	0,066	0,078	0,092	0,106	0,122	0,14	0,157	0,176	0,196	0,217	0,31	0,43	0,55
143	0,019	0,024	0,031	0,038	0,046	0,055	0,065	0,075	0,086	0,098	0,11	0,124	0,138	0,15	0,22	0,3	0,39
156	0,013	0,017	0,022	0,027	0,033	0,039	0,046	0,053	0,061	0,069	0,076	0,088	0,098	0,108	0,156	0,21	0,28
169	0,0096	0,013	0,016	0,02	0,024	0,028	0,033	0,038	0,044	0,050	0,057	0,064	0,071	0,078	0,113	0,15	0,20
192	0,0058	0,0075	0,0095	0,012	0,0142	0,017	0,02	0,023	0,026	0,030	0,034	0,038	0,043	0,047	0,067	0,092	0,12
216	0,0036	0,0047	0,0059	0,0074	0,0089	0,0105	0,0124	0,0144	0,0165	0,0188	0,021	0,024	0,026	0,029	0,042	0,057	0,075
241	0,0023	0,0030	0,0038	0,0047	0,0057	0,0068	0,0080	0,0093	0,0106	0,012	0,014	0,015	0,017	0,019	0,027	0,037	0,048
264	0,0016	0,0021	0,0027	0,0033	0,004	0,0047	0,0055	0,0065	0,0074	0,0084	0,0095	0,0107	0,012	0,013	0,019	0,026	0,034
290	0,0011	0,0014	0,0018	0,0023	0,0027	0,0033	0,0038	0,0044	0,0051	0,0058	0,0065	0,0073	0,0081	0,0090	0,013	0,018	0,023

Hilfstafel zur Berechnung der einmaligen Widerstände.

Werte $\left(\dfrac{80 \cdot Q}{100 \cdot d^2}\right)^2$ bezw. $\left(\dfrac{80 \cdot W}{100 \cdot d^2}\right)^2$ für stündl. Dampf $=$ (Kg/st.) bezw. Wärmemenge (WE/st.)

von 18000 bis 100000.

l.D. ‰	18000	20000	25000	30000	35000	40000	45000	50000	55000	60000	65000	70000	75000	80000	85000	90000	95000	100000
11																		
14																		
20																		
25	531,0	655,0	1024,0	1475,0														
34	155,0	192,0	299,0	431,0	587,0	766,0	970,0	1197,0	1449,0	1724,0	2023,0	2342,0	2694,0					
39	90,0	111,0	173,0	249,0	339,0	443,0	569,0	692,0	837,0	996,0	1169,0	1358,0	1556,0	1770,0	1998,0	2240,0	2496,0	2766,0
43	61,0	75,0	117,0	168,0	229,0	309,0	379,0	468,0	566,0	674,0	791,0	917,0	1053,0	1198,0	1353,0	1516,0	1609,0	1872,0
49	36,0	44,0	69,0	100,0	136,0	178,0	225,0	278,0	336,0	400,0	469,0	544,0	624,0	710,0	800,0	899,0	1009,0	1110,0
57	20,0	24,0	38,0	55,0	74,0	97,0	123,0	154,0	183,0	218,0	256,0	297,0	341,0	388,0	438,0	491,0	547,0	606,0
64	12,0	15,0	24,0	34,0	47,0	61,0	77,0	95,0	115,0	137,0	161,0	187,0	215,0	244,0	276,0	309,0	344,0	381,0
70	8,64	11,0	17,0	24,0	33,0	43,0	54,0	67,0	81,0	96,0	113,0	131,0	159,0	171,0	193,0	216,0	241,0	262,0
76	6,2	7,7	12,0	17,0	24,0	31,0	39,0	48,0	58,0	69,0	81,0	94,0	108,0	123,0	139,0	155,0	173,0	192,0
82	4,6	5,7	9,0	13,0	17,0	23,0	29,0	35,0	43,0	51,0	60,0	69,0	80,0	91,0	102,0	115,0	128,0	142,0
88	3,50	4,3	6,7	10,0	13,0	17,0	22,0	27,0	32,0	38,0	45,0	52,0	60,0	68,0	77,0	86,0	96,0	107,0
94	2,66	3,28	5,12	7,4	10,0	13,0	17,0	20,0	25,0	30,0	35,0	40,0	46,0	52,0	59,0	66,0	74,0	82,0
100	2,10	2,60	4,00	6,0	8,0	10,0	13,0	16,0	19,0	23,0	27,0	31,0	36,0	41,0	46,0	52,0	58,0	64,0
106	1,60	2,00	3,20	4,6	6,2	8,1	10,0	13,0	15,0	18,0	21,0	25,0	29,0	32,0	37,0	41,0	46,0	51,0
113	1,30	1,60	2,50	3,5	4,8	6,2	8,0	10,0	12,0	14,0	17,0	19,0	22,0	25,0	28,0	32,0	35,0	39,0
119	1,00	1,30	2,00	2,9	3,9	5,1	6,5	8,0	10,0	12,0	14,0	16,0	18,0	20,0	23,0	26,0	29,0	32,0
131	0,70	0,87	1,40	2,0	2,7	3,5	4,4	5,4	7,0	8,0	9,0	11,0	12,0	14,0	16,0	18,0	20,0	22,0
143	0,50	0,61	0,96	1,4	1,9	2,4	3,1	3,8	4,6	5,5	6,5	7,5	8,6	10,0	11,0	12,0	14,0	15,0
156	0,35	0,43	0,67	0,97	1,3	1,7	2,2	2,7	3,3	4,0	4,6	5,3	6,0	7,0	8,0	9,0	10,0	11,0
169	0,25	0,31	0,49	0,71	0,96	1,3	1,6	2,0	2,4	2,8	3,3	3,8	4,4	5,0	5,7	6,4	7,0	8,0
192	0,15	0,19	0,29	0,42	0,58	0,75	0,95	1,2	1,4	1,7	2,0	2,3	2,6	3,0	3,4	3,8	4,3	4,7
216	0,095	0,11	0,18	0,26	0,36	0,47	0,59	0,74	0,89	1,05	1,24	1,44	1,7	1,9	2,1	2,4	2,6	2,9
241	0,061	0,076	0,12	0,17	0,23	0,30	0,38	0,47	0,57	0,68	0,80	0,93	1,06	1,2	1,4	1,5	1,7	2,0
264	0,043	0,053	0,082	0,12	0,16	0,21	0,27	0,33	0,40	0,47	0,55	0,65	0,74	0,84	0,95	1,07	1,2	1,3
290	0,029	0,036	0,057	0,081	0,11	0,14	0,18	0,23	0,27	0,33	0,38	0,44	0,51	0,58	0,65	0,73	0,81	0,90

Hilfstafel zur Berechnung der einmaligen Widerstände. — Tafel: 5

Werte $\left(\dfrac{80\cdot Q}{100\cdot d^2}\right)^2$ bezw. $\left(\dfrac{80\cdot W}{100\cdot d^2}\right)^2$ für stündl. Dampf = (Kg/st.) bezw. Wärmemenge (W.E./st.)

von 1000 bis 100 000.

I.D. m/m	1000	1200	1400	1600	1800	2000	2500	3000	3500	4000	4500	5000	5500	6000
300	0,000079	0,00011	0,00015	0,00020	0,00026	0,00032	0,00049	0,00071	0,00097	0,0013	0,0016	0,0020	0,0024	0,0028
325	0,000057	0,00008	0,00011	0,00015	0,00019	0,00023	0,00036	0,00052	0,00070	0,00092	0,0012	0,0014	0,0017	0,0021
350	0,000043	0,000061	0,000084	0,00011	0,00014	0,00017	0,00027	0,00038	0,00052	0,00068	0,00086	0,0011	0,0013	0,00153
375	0,000032	0,000047	0,000063	0,000083	0,000105	0,00013	0,000202	0,00029	0,00040	0,000517	0,00066	0,00081	0,00098	0,00116
400	0,000025	0,000036	0,000049	0,000064	0,000081	0,00010	0,000156	0,000225	0,00031	0,000400	0,00051	0,000625	0,00076	0,00090
450	0,0000156	0,0000225	0,0000306	0,0000400	0,0000506	0,0000624	0,000098	0,000140	0,00019	0,000250	0,00032	0,000390	0,00047	0,00056
500	0,0000102	0,0000147	0,0000200	0,0000262	0,0000330	0,0000410	0,000064	0,000092	0,000125	0,000164	0,000207	0,000256	0,00031	0,00037
600	0,0000050	0,0000071	0,0000097	0,0000130	0,0000160	0,0000197	0,0000310	0,000044	0,0000605	0,000079	0,000100	0,000123	0,000150	0,000178
700	0,0000027	0,0000038	0,0000052	0,0000068	0,0000086	0,0000107	0,0000166	0,000024	0,0000326	0,0000426	0,000054	0,0000666	0,0000806	0,000096
800	0,00000156	0,00000225	0,00000306	0,0000040	0,00000506	0,0000063	0,0000098	0,0000140	0,0000190	0,0000250	0,000032	0,0000391	0,0000473	0,000056
900	0,00000098	0,00000140	0,00000191	0,00000250	0,00000316	0,00000390	0,00000610	0,0000088	0,0000120	0,0000156	0,0000197	0,0000244	0,0000295	0,000035
1000	0,00000064	0,00000092	0,00000125	0,00000164	0,00000207	0,00000256	0,00000400	0,00000576	0,00000784	0,0000102	0,0000130	0,0000160	0,0000190	0,0000230

I.D. m/m	6500	7000	7500	8000	8500	9000	9500	10000	12000	14000	16000	18000	20000	25000
300	0,0033	0,0039	0,00444	0,0051	0,0057	0,0064	0,0071	0,0079	0,011	0,015	0,020	0,026	0,032	0,049
325	0,0024	0,0028	0,0032	0,0037	0,0041	0,0046	0,0052	0,0057	0,008	0,011	0,015	0,019	0,023	0,036
350	0,0018	0,0021	0,0024	0,00273	0,0031	0,00345	0,00385	0,00426	0,00614	0,0084	0,011	0,014	0,017	0,027
375	0,0014	0,00158	0,00182	0,00207	0,0023	0,00262	0,00290	0,00326	0,00470	0,00634	0,0083	0,0105	0,013	0,0202
400	0,00106	0,00122	0,00140	0,00160	0,0018	0,00202	0,00230	0,00250	0,0036	0,0049	0,0064	0,0081	0,010	0,0156
450	0,00066	0,000765	0,00088	0,00100	0,00113	0,00126	0,00141	0,00156	0,00225	0,00306	0,00400	0,00506	0,00624	0,0098
500	0,000433	0,000500	0,000576	0,000655	0,00074	0,00083	0,00092	0,00102	0,00147	0,00200	0,00262	0,00330	0,00410	0,0064
600	0,000209	0,000242	0,000278	0,000316	0,000356	0,000400	0,000446	0,000494	0,000711	0,000968	0,00126	0,00160	0,00197	0,00309
700	0,000113	0,000130	0,000150	0,000171	0,000193	0,000216	0,000240	0,000267	0,000384	0,000522	0,000682	0,000864	0,00107	0,00166
800	0,000066	0,0000766	0,0000879	0,000100	0,000113	0,000127	0,000141	0,000156	0,000225	0,000306	0,000400	0,000506	0,000625	0,00098
900	0,0000412	0,0000478	0,0000549	0,0000624	0,0000704	0,000079	0,000088	0,0000975	0,000140	0,000191	0,000250	0,000316	0,000390	0,00061
1000	0,0000270	0,0000314	0,000036	0,0000410	0,0000462	0,0000518	0,0000578	0,000064	0,000092	0,000125	0,000164	0,000207	0,000256	0,00040

I.D. m/m	30000	35000	40000	45000	50000	55000	60000	65000	70000	75000	80000	85000	90000	95000	100000
300	0,071	0,097	0,13	0,16	0,20	0,24	0,28	0,33	0,39	0,44	0,51	0,57	0,64	0,71	0,79
325	0,052	0,070	0,092	0,12	0,14	0,17	0,21	0,24	0,28	0,32	0,37	0,41	0,46	0,52	0,57
350	0,038	0,052	0,068	0,086	0,11	0,13	0,153	0,18	0,21	0,24	0,273	0,31	0,345	0,385	0,426
375	0,029	0,040	0,0517	0,066	0,081	0,098	0,116	0,14	0,158	0,182	0,207	0,23	0,26	0,29	0,320
400	0,0225	0,031	0,0400	0,051	0,0625	0,076	0,090	0,11	0,122	0,140	0,160	0,18	0,202	0,226	0,250
450	0,0140	0,019	0,0250	0,032	0,0390	0,047	0,056	0,066	0,076	0,088	0,100	0,113	0,126	0,141	0,156
500	0,0092	0,0125	0,0164	0,0207	0,0256	0,031	0,037	0,043	0,050	0,058	0,0655	0,074	0,083	0,092	0,102
600	0,0044	0,00605	0,0079	0,0100	0,0120	0,015	0,0178	0,0208	0,0242	0,028	0,0316	0,0357	0,040	0,0446	0,0494
700	0,0024	0,00326	0,00426	0,0054	0,0067	0,00806	0,0096	0,0113	0,0130	0,015	0,0171	0,0193	0,0216	0,024	0,027
800	0,0014	0,0019	0,0025	0,0032	0,0039	0,00473	0,0056	0,0066	0,0077	0,0088	0,0100	0,0110	0,0126	0,0141	0,0156
900	0,00088	0,0012	0,00156	0,00197	0,00244	0,00295	0,0035	0,0041	0,0048	0,0055	0,00624	0,00705	0,0079	0,0088	0,0098
1000	0,000576	0,000784	0,00102	0,00130	0,00160	0,00190	0,0023	0,0027	0,0031	0,0036	0,00410	0,00460	0,0052	0,0058	0,0064

Rohrweiten für Vakuumdampfleitungen (isol.)
mittlerer Druck in der Rohrstrecke 0,1 atm.abs.

Tafel: 6

Zuführende Wärmemenge bei einem Druckabfall des Dampfes von (kg/lfd.mtr.)

i.D.mm	2	3	4	6	8	10	12,5	15	17,5	20	25	30	40	50	75	100
11	130	160	190	230	270	300	350	380	420	450	500	560	650	730	920	1070
14	250	300	360	450	520	590	670	730	800	860	970	1070	1250	1400	1750	2040
20	650	800	940	1170	1370	1540	1740	1920	2000	2240	2530	2800	3260	3670	4570	5340
25	1180	1470	1720	2130	2500	2800	3170	3500	3800	4100	4600	5100	5940	6700	8330	9700
34	2700	3360	3920	4900	5700	6400	7250	8000	8700	9300	10500	11600	13600	15300	19000	22300
39	3900	4850	5700	7100	8200	9300	10500	11600	12600	13500	15200	16800	19600	22200	27600	32200
43	5000	6300	7400	9200	10700	12000	13600	15000	16400	17600	19800	21900	25500	28800	35900	41900
49	7200	9000	10500	13000	15200	17200	19400	21400	23200	25000	28200	31000	36300	41000	51000	59500
57	10600	13500	15800	19600	22900	25800	29200	32200	35000	37500	42300	46700	54600	61500	76600	89500
64	14800	18400	21500	26800	31200	35300	39800	43900	47700	51300	57800	63800	74500	84000	104600	122200
70	18800	23400	27400	34000	39800	44900	50600	55800	60700	65200	73600	81200	94800	107000	133200	155500
76	23400	29200	34200	42500	49600	56000	63200	69700	75700	81400	91800	101300	118300	133500	166200	194000
82	28800	35900	42000	52200	60900	68700	77500	85500	93000	100000	112600	124300	145200	163700	203800	238000
88	34900	43400	50700	63000	73600	83000	93700	103400	112400	120800	136200	150300	175600	198000	246500	287800
94	41600	51800	60500	75300	88000	99200	112000	123500	134200	144200	162700	179500	209700	236500	294300	343800
100	49200	61200	71500	89000	103800	117200	132200	145800	158500	170400	192200	212000	247600	279300	347700	406000
106	57500	71600	83600	104000	121500	137000	154600	170600	185400	199300	224800	248000	289700	326800	406900	475000
113	66300	85000	99300	123600	144300	162800	183700	202200	220300	236700	267000	294600	344000	388200	483100	564200
119	78500	97700	114200	142000	166800	187200	211200	233000	253200	272000	307000	338600	395500	446200	555200	648500
131	101700	126600	147800	184000	214800	242400	273400	301700	328000	352400	397500	438600	512200	577800	749000	339800
143	128800	160200	187200	233000	272000	306900	346200	382000	415000	446000	503200	555200	648500	731500	910400	1063000
156	162700	202500	236500	294400	343700	388000	437500	482700	524500	563700	636000	701700	819600	924500	1151000	1344000
169	201800	251200	293400	365200	426300	481200	542700	598800	650700	699300	789000	870400	1017000	1147000	1427000	1667000
192	284500	354200	413600	514800	601000	678200	765000	844000	917300	986000	1112000	1227000	1433000	1617000	2011000	2350000
216	390700	486200	568000	706800	825200	931200	1050000	1159000	1260000	1354000	1527000	1685000	1968000	2219000	2762000	3226000
241	524600	653000	762600	949000	1108000	1250000	1410000	1556000	1691000	1818000	2050000	2262000	2642000	2843000	3709000	4382000
264	670500	834400	974500	1213000	1416000	1598000	1803000	1985000	2160000	2382000	2622000	2891000	3377000	3809000	4774000	5537000
290	863300	1074000	1255000	1562000	1823000	2058000	2321000	2561000	2783000	2991000	3374000	3723000	4348000	4904000	6104000	7429000

Rohrweiten für Vakuumdampfleitungen.(isol.)

mittlerer Druck in der Rohrstrecke 0,15 atm.abs.

Tafel:7

Zu fördernde Wärmemenge bei einem Druckabfall des Dampfes von (kg/lfd.mtr.)

I.D.m/m	2	3	4	6	8	10	12,5	15	17,5	20	25	30	40	50	75	100
11	160	200	230	290	330	380	420	470	500	550	620	680	800	900	1120	1300
14	300	380	440	550	640	720	810	900	970	1050	1180	1300	1520	1720	2180	2500
20	790	980	1150	1430	1660	1880	2120	2340	2540	2730	3080	3400	3970	4480	5570	6500
25	1440	1800	2100	2600	3000	3400	3860	4260	4630	5000	5600	6200	7240	8160	10200	11900
34	3300	4100	4800	5900	6900	7800	8800	9700	10600	11400	12800	14200	16600	18700	23200	27200
39	4800	5900	6900	8600	10000	11300	12800	14100	15300	16500	18600	20500	24000	27000	33600	39300
43	6200	7700	9000	11200	13000	14700	16600	18300	20000	21400	24200	26700	31200	35100	43700	51000
49	8800	10900	12800	15900	18600	21000	23600	26000	28300	30500	34300	37900	44300	50000	62200	72600
57	13200	16400	19200	23900	27900	31500	35500	39200	42600	45700	51600	57000	66500	75000	93300	109000
64	18000	22400	26200	32600	38100	43000	48500	53500	58200	62500	70500	77800	90800	102400	127500	149000
70	22900	28600	33400	41500	48500	54700	61700	68000	74000	79500	89700	99000	115600	130400	162300	189500
76	28600	35600	41600	51800	60500	68300	77000	85000	92300	99200	111900	123500	144200	162700	202500	236500
82	35100	43700	51100	63600	74200	83700	94400	104200	113300	121700	137300	151500	177000	199600	248400	290000
88	42500	52900	61800	76900	89700	101300	114200	126000	137000	147200	166000	183200	214200	241300	300300	350800
94	50700	63200	73800	91800	107200	121000	136400	150500	163600	175800	198300	218800	255500	288200	358700	419000
100	60000	74600	87000	108400	126600	142800	161100	177800	193200	207600	234200	258400	301800	340500	423700	495000
106	70100	87300	101900	126800	148000	167000	188500	208000	226000	242900	274000	302300	353000	398300	495700	579000
113	83200	103600	121000	150700	175900	198500	223900	247000	268500	288500	325400	359000	419400	473000	588800	687700
119	95700	119100	139200	173200	202000	228200	257800	284000	308600	331600	374000	412700	482000	543700	676700	790400
131	124000	154300	180200	224300	261800	295400	333300	367700	399600	429500	484400	534400	624300	704200	876400	1024000
143	157000	195300	228000	284000	331400	374000	422000	465500	506000	543700	613300	676600	790400	891500	1110000	1296000
156	198400	246800	288300	359300	418900	472700	533200	588300	639300	687000	775000	855300	999000	1127000	1402000	1638000
169	246000	306200	357600	445000	519600	586400	664400	729800	793000	852000	961500	1061000	1239000	1398000	1739000	2032000
192	347000	431600	504000	627500	732500	826600	932400	1029000	1118000	1202000	1355000	1496000	1747000	1970000	2452000	2864000
216	476200	592600	692200	861000	1006000	1135000	1280000	1413000	1535000	1650000	1861000	2053000	2398000	2705000	3367000	3932000
241	639400	795800	929500	1157000	1350000	1524000	1719000	1897000	2061000	2215000	2499000	2757000	3220000	3632000	4521000	5280000
264	812200	1017000	1188000	1478000	1726000	1948000	2197000	2424000	2634000	2831000	3194000	3524000	4116000	4642000	5778000	6748000
290	1052200	1310000	1530000	1904000	2222000	2508000	2829000	3121000	3392000	3663000	4112000	4537000	5299000	5977000	7444000	8689000

Rohrweiten für Vakuumdampfleitungen (isol.)

mittlerer Druck in der Rohrstrecke 0,2 atm.abs.

Zufördernde Wärmemenge bei einem Druckabfall des Dampfes von (kg./lfd.mtr.)

i.D. mm	2	3	4	6	8	10	12,5	15	17,5	20	25	30	40	50	75	100
11	180	230	260	330	380	430	490	540	580	630	700	780	900	1030	1280	1500
14	350	430	500	630	730	830	940	1030	1120	1200	1360	1500	1750	1970	2450	2870
20	900	1130	1320	1640	1900	2160	2440	2700	2900	3140	3540	3900	4560	5150	6500	7500
25	1650	2060	2400	3000	3500	3940	4440	4900	5300	5700	6500	7100	8300	9400	11700	13600
34	3800	4700	5500	6800	8000	9000	10200	11200	12200	13000	14800	16300	19000	21500	26700	31200
39	5500	6800	7900	9900	11500	13000	14700	16200	17600	19000	21400	23600	27500	31000	38700	45200
43	7100	8800	10300	12900	15000	17000	19200	21000	22900	24600	27800	30700	35800	40400	50300	58700
49	10100	12600	14700	18300	21300	24000	27200	30000	32600	35000	39500	43600	51000	57400	71500	83500
57	15200	18900	22000	27500	32000	36200	40800	45000	49000	52600	59300	65500	76500	86300	107400	125400
64	20700	25800	30200	37500	43800	49400	55800	61600	67000	71800	81000	89400	104500	117800	146600	171300
70	26400	32800	38400	47800	55800	63000	71000	78300	85000	91500	103200	113800	133000	150000	186600	218000
76	33000	41000	47900	59600	69600	78500	88500	97700	106200	114200	128700	142000	165800	187000	233000	272000
82	40400	50300	58700	73100	85300	96300	108600	120000	130300	140000	158000	174200	203500	229500	285700	333700
88	48900	60800	71000	88400	103200	116500	131400	145000	157500	169300	191000	210700	246000	277600	345500	403200
94	58400	72600	84800	105600	123200	139000	157000	173200	188200	202200	228000	251600	294000	331500	412600	482000
100	69000	85800	100200	124700	145600	164800	185300	204500	222200	238800	269400	297200	347200	391600	487400	568200
106	80600	100400	117200	146000	170300	192200	216800	239200	260000	279400	315200	347700	406000	458000	570000	666000
113	95800	119200	139200	173300	202300	228300	257500	284100	308800	331800	374300	413000	482000	544000	677200	794000
119	110000	137000	160000	199200	232500	262400	296000	326600	355500	381400	430200	474700	554000	625400	728400	909000
131	142600	177400	202200	258000	301000	339800	383300	423000	459600	494000	557200	614800	718000	810000	1008000	1177000
143	180500	224600	262400	326600	384200	430200	485300	535400	582000	625400	705400	778300	909000	1025000	1276000	1491000
156	228200	284000	331600	412700	481800	543700	613300	676700	733300	790400	891500	983700	1149000	1296000	1613000	1884000
169	263000	352200	411300	512000	597600	674400	760800	839400	912200	980400	1106000	1220000	1425000	1608000	2000000	2337000
192	399000	496500	579800	721700	842500	950800	1072000	1183000	1286000	1382000	1559000	1720000	2009000	2266000	2820000	3294000
216	547700	681700	796000	991000	1157000	1305000	1472000	1625000	1766000	1898000	2140000	2362000	2758000	3111000	3872000	4523000
241	735400	915300	1069000	1331000	1553000	1753000	1977000	2182000	2371000	2548000	2874000	3171000	3764000	4178000	5200000	6073000
264	940000	1170000	1366000	1700000	1985000	2240000	2527000	2788000	3030000	3256000	3673000	4053000	4733000	5339000	6645000	7701000
290	1210000	1506000	1759000	2190000	2556000	2884000	3254000	3590000	3901000	4193000	4730000	5219000	6095000	6875000	8557000	9994000

Rohrweiten für Vakuumdampfleitungen.(isol.)

mittlerer Druck in der Rohrstrecke 0,25 atm.abs.

Zu fördernde Wärmemenge bei einem Druckabfall des Dampfes von (kg/lfd.mtr.)

i.D.mm	2	3	4	6	8	10	12,5	15	17,5	20	25	30	40	50	75	400
11	200	250	290	370	430	480	540	600	650	700	790	870	400	1150	430	1670
14	390	480	560	700	820	920	1000	1150	1250	1340	1500	1670	1950	2200	2730	3200
20	1000	1260	1470	1830	2130	2400	2700	3000	3260	3500	3950	4340	5100	5740	7140	8300
25	1840	2300	2680	3330	3900	4400	5000	5460	6000	6400	7200	7900	9300	10500	13000	15200
34	4200	5200	6100	7600	8900	10000	11300	12500	13600	14600	16500	18200	21200	24000	29800	34800
39	6100	7600	8900	11000	13000	14500	16400	18000	19600	21100	23800	26300	30700	34600	43000	50300
43	7900	9700	11500	14300	16700	18900	21300	23500	25500	27500	31000	34200	40000	45000	56000	65400
49	11300	14000	16400	20400	23800	26800	30300	33400	36300	39000	44000	48600	56700	64000	79600	93000
57	17000	21000	24600	30600	35700	40300	45500	50200	54600	58600	66100	73000	85200	96100	119600	139700
64	24100	28800	33600	41800	48800	55000	62200	68600	74500	80000	90300	99700	116400	131300	163400	190800
70	29400	36600	42800	53200	62000	70000	79000	87300	94800	101900	115000	126800	148200	167100	208000	242900
76	36700	45700	53400	66400	77500	87500	98700	108800	118300	127200	143400	158300	184800	208500	259500	303000
82	45000	56000	65500	81500	95000	107300	121000	133600	145200	156000	176000	194200	226800	255800	318400	371800
88	54500	67800	79200	98600	115000	129800	146400	161500	175500	188700	212800	234800	274200	309300	385000	449700
94	65000	81000	94500	117700	137300	155000	174800	193000	209600	225300	254200	285400	327500	369400	460000	537000
100	76800	95600	111700	139000	162200	183000	206500	228000	247600	266200	300200	331200	387000	436400	543200	634300
106	90000	111800	130600	162600	189800	214200	241600	266600	289700	311300	351200	387500	452600	510500	635300	742000
113	106700	132800	155200	193000	225400	254400	287000	316600	344000	369800	417200	460200	537600	606300	754600	881400
119	122700	152700	178300	222000	259000	292400	329800	364000	395500	425000	479400	529000	618000	697000	867400	1306000
131	159000	197800	231000	287400	335500	378700	422700	471300	512200	550500	621000	685000	800200	902600	1123000	1312000
143	201200	250300	292400	364000	424800	479400	540900	596700	648400	697000	786000	867000	1013000	1143000	1422000	1661000
156	254200	316400	369500	460000	536800	606000	683500	754000	819500	880800	993400	1096000	1280000	1444000	1797000	2099000
169	315300	392500	458500	578500	666000	751600	847800	935400	1017000	1092000	1232000	1360000	1588000	1791000	2230000	2604000
192	444500	553200	646200	797500	938800	1060000	1195000	1319000	1433000	1540000	1723000	1917000	2239000	2525000	3143000	3671000
216	610300	759600	887200	1104000	1289000	1455000	1640000	1811000	1968000	2115500	2384000	2632000	3074000	3467000	4315000	5040000
241	819500	1020000	1191300	1483000	1731000	1953000	2203000	2431000	2642000	2839000	3201000	3534000	4128000	4656000	5795000	6768000
264	1047000	1304000	1522000	1895000	2212000	2496000	2816000	3107000	3377000	3629000	4092000	4516000	5275000	5951000	7406000	8649000
290	1349000	1678000	1960000	2440000	2848000	3214000	3626000	4000000	4348000	4673000	5269000	5815000	6792000	7661000	9535000	11137000

Rohrweiten für Vakuumdampfleitungen (isol.)

mittlerer Druck in der Rohrstrecke 0,3 atm.abs.

Tafel: 10

Zufördernde Wärmemenge bei einem Druckabfall des Dampfes von (kg./lfd.mtr.)

I.D. mm	100	75	50	40	30	25	20	17,5	15	12,5	10	8	6	4	3	2
11	1820	1560	1250	1110	950	860	760	710	650	600	530	470	400	320	270	220
14	3500	3000	2460	2120	1820	1650	1460	1360	1250	1140	1000	890	760	620	530	420
20	9100	7800	6240	5550	4800	4300	3820	3600	3270	2960	2630	2330	2000	1600	1370	1100
25	16600	14200	11400	10100	8700	7900	7000	6480	5960	5400	4800	4250	3600	2920	2500	2000
34	38000	32500	26100	23200	19800	18000	16600	14800	13600	12400	11000	9700	8300	6700	5700	4600
39	55000	47000	37800	33500	28700	26000	23000	21500	19700	17900	16000	15000	12000	9700	8300	6700
43	71500	61200	49200	43600	37300	33800	30000	28000	25700	23300	20600	18300	14570	12600	10800	8700
49	101600	87000	69800	62000	53000	48000	42600	39700	36500	33300	29300	26000	22200	17900	15300	12300
57	152600	130600	105000	93000	79700	72200	64000	59600	54800	49700	44000	39000	33480	26900	23000	18500
64	208400	178400	143400	127000	108800	98600	87400	81400	74900	67800	60200	53200	45700	36700	31400	25200
70	265200	227000	182500	161800	138500	125500	111300	103500	95300	86400	76600	67800	58000	46700	40000	32100
76	331000	283300	227700	201600	172800	157000	138800	129200	118900	107700	95500	84500	72500	58300	50000	40000
82	406000	347600	279300	247600	212000	192100	170300	158500	145800	132200	117200	103800	89000	71500	61200	49200
88	491000	420400	337800	299400	256400	232400	206600	191700	176400	159800	141700	125600	107600	86400	74000	59500
94	586300	502000	408400	357600	306200	277500	246000	229000	210600	191000	169200	150000	128500	103200	88400	71000
100	692500	593000	476500	422400	361700	327800	290600	270400	249000	225500	200000	177200	154700	122000	104400	83900
106	810200	693700	557400	494100	423000	383400	340000	316300	291000	263800	234000	207200	177500	142700	122000	98000
113	962300	824000	662000	587000	502500	455400	403800	375700	345700	313300	277900	246200	210800	169400	145000	116500
119	1106000	947000	761000	674600	577600	523500	464000	431800	397400	360200	319300	283000	248800	194700	166700	134000
131	1433000	1227000	985500	873700	748000	678000	601000	559300	514600	466400	413500	366400	313800	252200	216000	173500
143	1814000	1553000	1248000	1106000	947000	858300	761000	708000	651500	590500	523500	464000	397300	319300	273300	219600
156	2292000	1963000	1577000	1398000	1197000	1084800	961700	894700	823300	746300	661600	586200	502200	403500	345500	277500
169	2843000	2434000	1956000	1734000	1485000	1350000	1193000	1110000	1021400	923600	820600	727200	623000	500500	428500	343600
192	4008000	3432000	2757000	2444000	2093000	1880000	1682000	1565000	1440000	1305000	1157000	1025000	878000	705500	599000	485400
216	5301000	4712000	3786000	3356000	2874000	2604000	2309000	2148000	1977000	1792000	1588000	1407000	1206600	968700	824900	666400
241	7389000	6327000	5083000	4507000	3859000	3500000	3100000	2885000	2654000	2406000	2133000	1890000	1619000	1301000	1114000	894800
264	9444000	8086000	6492000	5760000	4931000	4472000	3962000	3687000	3392000	3075000	2726000	2415000	2069000	1662000	1423000	1144000
290	12200000	10412000	8365000	7416000	6350000	5755000	5102000	4747000	4366000	3959000	3510000	3110000	2664000	2141000	1833000	1473000

Rohrweiten für Vakuumdampfleitungen.(isol.)

mittlerer Druck in der Rohrstrecke 0,35 atm.abs.

Zuzuführende Wärmemenge bei einem Druckabfall des Dampfes von (kg/lfd.mtr.)

I.D. $^{m/m}$	2	3	4	6	8	10	12,5	15	17,5	20	25	30	40	50	75	100
11	240	300	350	430	500	570	640	700	770	820	930	1030	1200	1350	1600	1960
14	450	570	660	820	960	1080	1220	1350	1470	1580	1780	1960	2300	2580	3220	3760
20	1190	1480	1720	2150	2500	2830	3200	3500	3800	4100	4640	5120	5980	6750	8400	9800
25	2170	2700	3150	3900	4580	5160	5820	6400	7000	7500	8470	9340	11000	12300	15300	17900
34	4950	6200	7200	9000	10500	11800	13300	14700	16000	17200	19400	21400	25000	28200	35000	41000
39	7200	8900	10400	13000	15100	17000	19300	21300	23000	24800	28000	31000	36000	40700	50700	59200
43	9300	11600	13600	16900	19700	22200	25000	27700	30000	32300	36400	40200	47000	53000	66000	77000
49	13200	16500	19300	24000	28000	31600	35600	39300	42700	46000	51800	57200	66700	75300	93700	109400
57	20000	24800	29000	36000	42000	47500	53500	59000	64200	69000	77800	85800	100300	113000	140700	164400
64	27200	33800	39500	49200	57400	64800	73000	80700	87700	94200	106300	117200	137000	154500	192200	224500
70	34600	43000	50300	62600	73000	82500	93000	102700	111600	120000	135200	149200	174300	196600	244700	285700
76	43200	53700	62800	78000	91200	102900	116000	128000	139200	150000	168700	186200	217500	245300	305300	356500
82	53000	66000	77000	95800	112000	126300	142400	157200	170800	183500	207000	228400	266800	301000	374500	437400
88	64000	79700	93000	116000	135300	152700	172200	190000	206500	212000	250300	276200	322600	364000	453000	529000
94	76500	95200	111200	138400	161600	182300	205700	227000	246600	265000	300000	330000	385300	435000	541000	631700
100	90400	112800	131400	163500	190800	215400	243000	268000	291300	313000	353000	389700	455000	513000	639000	746200
106	105700	131600	153700	191200	223200	252000	284200	313600	340800	366200	413000	455800	532400	600500	747400	873000
113	125600	156300	182500	227200	265200	299300	333700	372500	404800	435000	490700	541400	632400	713300	887900	1037000
119	144300	179600	209800	261000	304800	344000	388000	428000	465200	500000	564000	622300	726800	820000	1020400	1192000
131	187000	232600	271700	338000	394700	445500	502500	554400	602500	647500	730400	806000	941300	1062000	1321000	1543000
143	236600	294500	344000	428000	500000	564000	636200	702000	762800	819800	924700	1020000	1192000	1344000	1673000	1954000
156	299000	372200	434700	541000	631500	707000	804000	887200	964000	1036000	1169000	1290000	1506000	1699000	2114000	2470000
169	371000	461700	539200	671000	783400	884000	997300	1100000	1196600	1285000	1450000	1600000	1868000	2107000	2623000	3063000
192	523000	650800	760000	946000	1104000	1246000	1406000	1551000	1686000	1812000	2044000	2255000	2634000	2971000	3697000	4318000
216	718000	893600	1044000	1300000	1516000	1711000	1930000	2130000	2315000	2488000	2806000	3096000	3616000	4079000	5076000	5929000
241	964000	1200000	1401000	1744000	2036000	2298000	2592000	2866000	3108000	3340000	3768000	4157000	4856000	5477000	6816000	7961000
264	1232000	1533000	1791000	2229000	2602000	2937000	3313000	3655000	3972000	4269000	4815000	5313000	6205000	7000000	8712000	10175000
290	1586000	1975000	2306000	2870000	3351000	3781000	4265000	4706000	5115000	5497000	6200000	6841000	7990000	9013000	11217000	13101000

Rohrweiten für Vakuumdampfleitungen.(isol.)

mittlerer Druck in der Rohrstrecke 0,4 atm.abs.

Tafel:12

Zufördernde Wärmemenge bei einem Druckabfall des Dampfes von (kg/lfd.mtr.)

I.D. mm	2	3	4	6	8	10	12,5	15	17,5	20	25	30	40	50	75	100
11	250	320	370	460	540	600	680	750	820	880	990	1100	1280	1440	1800	2100
14	480	600	700	880	1020	1160	1300	1440	1560	1680	1900	2000	2440	2760	3430	4000
20	1270	1580	1840	2300	2700	3000	3400	3760	4100	4390	4950	5460	6400	7200	8960	10500
25	2300	2870	3360	4200	4900	5500	6200	6850	7400	8000	9000	10000	11600	13100	16300	19100
34	5300	6600	7700	9600	11200	12600	14200	15700	17000	18300	20600	22800	26600	30000	37400	43600
39	7600	9500	11100	13800	16200	18200	20500	22700	24600	26500	29900	33000	38500	43400	54600	63100
43	9900	12400	14500	18000	21000	23700	26700	29500	32000	34400	38800	42900	50000	56500	70300	82000
49	14100	17600	20500	25600	29800	33700	38000	42000	45500	49000	55200	61000	71200	80300	99900	116700
57	21200	26100	30900	38400	44800	50600	57000	63000	68400	73500	83000	91500	106900	120600	150000	175300
64	29000	36100	42100	52500	61200	69000	78000	86000	93500	100400	113300	125000	146000	164700	205000	239400
70	36900	45900	53600	66800	78000	88000	99200	109500	118900	127800	144200	159000	185800	209600	260800	304700
76	46000	57300	67000	83300	97200	109700	123800	136600	148400	159600	180000	198500	231800	261500	325500	380100
82	56500	70300	82100	102200	119300	134600	151800	167500	182000	195700	220700	244000	284500	320800	399300	466400
88	68300	85000	99300	123600	144300	162800	183600	202600	220200	236600	267000	294500	344000	388000	483000	564000
94	81600	101500	118600	147600	172300	194400	219300	242000	263000	282600	318800	351700	410800	463400	576700	673600
100	96400	120000	140000	174300	203500	229600	259000	285800	310600	333800	376500	415500	485300	547400	681200	795600
106	112800	140300	163800	204000	238000	268600	303000	334300	363300	390500	440500	486000	567600	640300	796900	930700
113	135900	154800	194600	242200	282700	319000	360000	397100	431600	463800	523200	577300	674200	760500	946500	1105000
119	154000	191600	223700	278400	325000	366800	413700	456500	496000	533100	601400	663500	795000	874000	1088000	1271000
131	199300	248000	289700	360500	421000	475000	535800	591200	642400	690400	778800	859300	1004000	1132000	1409000	1644000
143	252300	314000	366700	456400	533700	601300	678300	748400	813300	874100	986000	1088000	1271000	1438000	1784000	2083000
156	318900	397000	463500	576900	673400	760000	857300	946000	1028000	1105000	1248000	1375000	1606000	1811000	2255000	2633000
169	395500	492300	575000	715600	835300	942700	1063000	1173000	1275000	1370000	1546000	1706000	1992000	2247000	2796000	3266000
192	557600	694000	810500	1009000	1178000	1329000	1499000	1654000	1797000	1932000	2179000	2404000	2808000	3167000	3942000	4604000
216	765500	952800	1113000	1385000	1617000	1825000	2058000	2271000	2468000	2652000	2992000	3301000	3856000	4349000	5413000	6322000
241	1028800	1279000	1494000	1860000	2171000	2450000	2764000	3049000	3314000	3561000	4017000	4433000	5177000	5840000	7268000	8489000
264	1314000	1635000	1910000	2397000	2775000	3131000	3532000	3897000	4235000	4552000	5134000	5665000	6617000	7463000	9289000	10849000
290	1692000	2105000	2459000	3060000	3573000	4032000	4548000	5018000	5453000	5861000	6611000	7294000	8520000	9610000	11960000	13969000

Rohrweiten für Vakuumdampfleitungen.(isol.)

mittlerer Druck in der Rohrstrecke 0,5 atm.abs.

Zufördernde Wärmemenge bei einem Druckabfall des Dampfes von (kg./lfd.mtr.)

I.D. ℳ/m	2	3	4	6	8	10	12,5	15	17,5	20	25	30	40	50	75	100
11	280	350	410	510	600	670	760	840	910	980	1100	1220	1420	1600	2000	2330
14	540	670	780	980	1145	1290	1450	1600	1740	1870	2100	2330	2720	3070	3820	4460
20	1400	1750	2050	2650	2980	3360	3800	4180	4550	4880	5500	6080	7100	8000	9920	11640
25	2570	3200	3740	4650	5430	6130	6900	7680	8290	8900	10000	11100	13000	14600	18200	21800
34	5900	7300	8500	10600	12400	14000	15800	17400	19000	20400	23000	25400	29600	34400	41600	48600
39	8500	10600	12400	15400	18000	20300	22900	25200	27400	29800	33200	36700	42800	48300	60100	70200
43	11100	13800	16100	20000	23400	26400	29700	32800	35700	38300	43200	47700	55700	62800	78200	91400
49	15700	19600	22900	28400	33200	37500	42300	46600	50700	54400	61500	67800	79200	89300	111200	129800
57	23600	29400	34300	42700	49900	56300	63400	70100	76200	81800	92300	101900	119000	134200	167000	195100
64	32300	40200	46900	58400	68100	76900	86700	95700	104000	111800	126100	139100	162500	183300	228100	266400
70	41100	51100	59700	74300	86700	97900	110400	121800	132400	142300	160500	177000	206800	233300	290300	339000
76	51200	63800	74500	92700	108200	122100	137800	152000	165200	177500	200200	221000	258000	294100	362300	423100
82	62900	78200	91400	113700	132800	149800	169000	186400	202600	217800	245700	271000	316600	357000	444400	519100
88	76000	94600	110500	137600	160500	181200	204400	225500	245100	263400	297100	327800	383000	431800	537500	627900
94	90800	113000	132000	164200	191700	216400	244100	269300	292700	314500	354800	391500	457200	515700	641900	749700
100	107200	133500	155900	194000	226500	255600	288300	318100	345700	371500	419000	462400	540000	609200	758200	885500
106	125400	156100	182300	227000	265000	299000	337200	372100	404400	434600	490200	540900	631800	712600	887000	1036000
113	149000	185400	216600	269600	314700	355100	400600	442000	480300	516200	582300	642500	750400	846400	1053000	1230000
119	171300	213100	249000	309800	361700	408200	460400	508000	552100	593400	669800	738500	862600	972900	1211000	1414000
131	221800	276000	322400	401300	468400	528600	596300	658000	715000	768500	866800	956400	1117000	1260000	1568000	1832000
143	280800	349500	408200	508000	593000	669200	755000	833000	905200	972900	1097000	1211000	1414000	1595000	1985000	2319000
156	355000	441700	515900	642000	749500	845800	954200	1053000	1144000	1230000	1387000	1530000	1787000	2016000	2509000	2931000
169	440200	559900	639900	796000	929700	1049000	1183500	1306000	1449000	1525000	1721000	1898000	2217000	2501000	3112000	3635000
192	620500	772300	902100	1123000	1311000	1479000	1668000	1841000	2000000	2150000	2425000	2676000	3125000	3525000	4388000	5125000
216	852600	1060000	1239000	1541000	1800000	2031000	2291000	2528000	2747000	2952000	3330000	3674000	4291000	4840000	6024000	7036000
241	1144000	1424000	1663000	2070000	2416000	2727000	3076000	3394000	3688000	3964000	4471000	4933000	5762000	6499000	8089000	9448000
264	1462000	1820000	2125000	2645000	3088000	3483000	3931000	4337000	4714000	5066000	5714000	6305000	7364000	8306000	10034000	12074000
290	1883000	2346000	2737000	3406000	3976000	4482000	5062000	5585000	6069000	6523000	7358000	8118000	9482000	10695000	13311000	15547000

Rohrweiten für Vakuumdampfleitungen.(isol.)
mittlerer Druck in der Rohrstrecke 0,6 atm.abs.

Tafel:14

Zuführende Wärmemenge bei einem Druckabfall des Dampfes von (kg/lfd.mtr.)

i.D. m/m	2	3	4	6	8	10	12,5	15	17,5	20	25	30	40	50	75	100
11	300	400	440	560	650	730	830	910	990	1070	1200	1330	1550	1750	2180	2540
14	600	700	860	1060	1240	1400	1580	1750	1900	2040	2300	2540	3000	3350	4160	4860
20	1500	1900	2240	2800	3250	3700	4140	4560	5000	5300	6000	6630	7750	8740	10880	12700
25	2800	3500	4100	5100	5900	6700	7540	8300	9000	9200	11000	12100	14100	15900	19830	23700
34	6400	8000	9300	11600	13600	15300	17300	19000	21000	22200	25000	27700	32300	36500	45400	53000
39	9300	12000	13500	16800	20000	22100	25000	27600	30000	32200	36300	40000	46700	52700	65600	76600
48	12100	15000	17600	22000	25500	28800	32500	36000	39000	42000	47200	52000	60800	68600	85300	99700
49	17200	21000	25000	31000	36700	40900	46100	51000	55000	59400	67000	74000	86400	97500	121300	141700
57	25800	32000	37500	46600	54400	61400	69000	76000	83000	89300	100700	111100	129800	146400	182200	212800
64	35200	44000	51200	64000	74400	84000	95000	104400	113500	122200	137600	151800	177300	200000	248900	290700
70	44800	55800	65200	81000	94600	106800	120500	133000	144400	155200	175000	193200	225700	254500	316800	370000
76	56900	69000	81300	101000	118000	131000	150000	166000	180000	194000	218500	241000	282000	317600	395000	461700
82	68600	85400	100000	124000	145000	163000	184000	203000	221000	238000	268000	296000	345000	389600	484900	566400
88	82800	103200	121000	150000	175000	198000	223000	246000	267400	287000	324000	358000	418000	471200	586400	685000
94	99000	123100	144000	179000	209000	236000	266000	294000	319300	343000	387000	427000	499000	562700	700400	818000
100	112000	145600	170000	212000	247000	279000	315000	347000	372000	405000	457000	505000	589000	664700	827300	966200
106	137000	170300	199000	248000	289000	326000	368000	406000	441000	474000	534900	590000	689000	777500	967700	1130000
113	162600	206200	236000	294000	343000	387000	437000	482000	524000	563000	635000	701000	819000	923600	1149000	1343000
119	186700	233000	272000	338000	395000	445000	502000	554000	602400	647000	730000	806000	941000	1062000	1321000	1543000
131	242000	301000	352000	438000	511000	577000	651000	718000	780000	838000	946000	1044000	1219000	1375000	1711000	1998000
143	306400	381000	445000	554000	647000	730000	824000	909000	988000	1061000	1197000	1321000	1543000	1741000	2166000	2530000
156	387200	482000	563000	701000	818000	923000	1041000	1149000	1248000	1342000	1513000	1670000	1950000	2200000	2738000	3198000
169	480300	598000	698000	869000	1014000	1145000	1291000	1425000	1548000	1664000	1877000	2071000	2419000	2729000	3396000	3966000
192	677000	843000	984000	1225000	1430000	1614000	1820000	2009000	2183000	2346000	2646000	2920000	3410000	3847000	4787000	5591000
216	929700	1157000	1351000	1682000	1963000	2216000	2500000	2758000	2997000	3221000	3633000	4009000	4682000	5281000	6573000	7677000
244	1248000	1554000	1815000	2258000	2636000	2975000	3356000	3703000	3839000	4325000	4879000	5388000	6287000	7092000	8826000	10309000
264	1595000	1986000	2319000	2886000	3369000	3800000	4289000	4733000	5143000	5528000	6235000	6886000	8035000	9063000	11283000	13175000
290	2054000	2557000	2986000	3717000	4338000	4896000	5523000	6094000	6622000	7147000	8028000	8858000	10346000	11672000	14524000	16964000

Rohrweiten für Vakuumdampfleitungen.(isol.)

mittlerer Druck in der Rohrstrecke 0,7 atm.abs.

Tafel:15

Zufördernde Wärmemenge bei einem Druckabfall des Dampfes von (kg/lfd.mtr.)

I.D. mm	2	3	4	6	8	10	12,5	15	17,5	20	25	30	40	50	75	100
11	330	410	480	600	700	790	890	980	1070	1150	1300	1430	1670	1940	2340	2740
14	630	790	920	1150	1340	1510	1700	1880	2040	2200	2480	2730	3200	3700	4500	5240
20	1760	2060	2400	3000	3500	3950	4500	4910	5340	5700	6470	7100	8340	9700	11700	13700
25	3020	3800	4400	5600	6400	7200	8100	9000	9730	10500	11800	13000	15200	17600	21300	24900
34	6900	8600	10000	12250	14600	16500	18600	20500	22300	23900	27000	29800	34800	40400	48800	57000
39	10000	12400	14500	18100	21100	23800	26900	29600	32200	34600	39000	43100	50300	58400	70600	82500
43	13000	16200	18900	23500	27400	31000	34900	38600	41900	45000	50800	56000	65400	75900	91900	107300
49	18500	23000	26800	33400	39000	44000	49700	54800	59500	64000	72200	79600	93000	107900	130600	152500
57	27800	34500	40300	50200	58600	66100	74600	82300	89500	96100	108400	119600	139700	162000	196200	229100
64	37900	47200	55100	68600	80000	90300	101900	112400	122100	131300	148000	163400	190900	221400	267900	312900
70	48200	60000	70100	87300	101900	115000	129700	143000	155500	167000	188600	208000	242900	274000	341000	398300
76	60200	74900	87500	108900	127000	143400	161800	178500	194000	208500	235200	259500	303100	351400	425500	497000
82	73800	94900	107300	133600	155900	176000	200200	219000	238000	255800	288500	318400	371800	431300	522000	609200
88	89300	111100	129800	161500	188600	212800	240000	264900	287800	309300	348900	385000	449700	521700	631300	737300
94	106600	132700	155000	192900	225200	254000	286700	316300	343800	369400	416700	459800	537000	623000	754000	880500
100	125900	156800	183000	227900	266000	300200	338600	373600	406000	436400	492200	543000	634300	735900	890500	1040000
106	147300	183400	214200	266400	311200	351200	386000	437000	475000	510500	575800	635100	742000	860800	1042000	1216000
113	175000	217800	254400	316600	369900	417000	470500	519200	564200	606300	683900	754700	881400	1022000	1237000	1445000
119	201000	250400	292400	363900	424800	479000	540800	596700	648500	697000	786000	867400	1013000	1175000	1422000	1661000
131	260500	324200	378700	471300	550100	620900	700400	772800	838800	902600	1018000	1123000	1312000	1522000	1842000	2151000
143	329800	410500	479400	569700	696500	706000	886700	928400	1063000	1143000	1289000	1422000	1661000	1927000	2331000	2724000
156	416800	518800	606000	754000	880800	993500	1121000	1236000	1344000	1444000	1629000	1797000	2099000	2433000	2947000	3440000
169	517000	643500	752000	935400	1092000	1232000	1390000	1534000	1667000	1791000	2021000	2230000	2604000	3021000	3656000	4270000
192	728900	907000	1060000	1319000	1539000	1737000	1959000	2162000	2350000	2525000	2848000	3143000	3671000	4258000	5153000	6019000
216	1001000	1245000	1455000	1811000	2113000	2385000	2690000	2969000	3226000	3467000	3911000	4315000	5040000	5847000	7076000	8264000
241	1344000	1672000	1953000	2431000	2838000	3203000	3612000	3986000	4331000	4656000	5252000	5994000	6768000	7851000	9501000	11097000
264	1717000	2137000	2496000	3107000	3625000	4093000	4617000	5094000	5536000	5950000	6712000	7406000	8650000	10034000	12143000	14182000
290	2211000	2752000	3214000	4001000	4670000	5270000	5945000	6560000	7129000	7662000	8642000	9535000	11137000	12920000	15615000	18260000

Rohrweiten für Vakuumdampfleitungen.(isol.)

mittlerer Druck in der Rohrstrecke 0,8 atm.abs.

Zu fördernde Wärmemenge bei einem Druckabfall des Dampfes von (kg./lfd.mtr.)

I.D.m/m	2	3	4	6	8	10	12,5	15	17,5	20	25	30	40	50	75	100
11	350	440	510	640	750	840	950	1050	1140	1220	1380	1520	1780	2000	2500	2920
14	680	840	980	1220	1430	1600	1820	2000	2180	2340	2640	2900	3400	3840	4800	5880
20	1760	2200	2560	3200	3700	4200	4740	5230	5700	6100	6900	7600	8890	10000	12500	14600
25	3200	4000	4680	5800	6800	7700	8650	9540	10400	11100	12600	13900	16200	18300	22700	26600
34	7400	9200	10700	13300	15500	17500	19800	21800	23700	25500	28800	31700	37100	41800	52000	60800
39	10600	13200	15500	19300	22500	25400	28600	31600	34300	36900	41600	45900	53600	60500	75300	87900
43	13800	17200	20100	25000	29200	33000	37200	41100	44600	48000	54100	59700	69700	78600	97900	114300
49	19700	24500	28600	35600	41600	46900	52900	58400	63400	68200	76900	84900	99100	117700	139000	162600
57	29600	36800	43000	53500	62400	70500	79500	87700	95300	102400	115500	127500	148900	167900	209000	244000
64	40400	50800	58700	73000	85300	96200	108500	119800	130100	139900	157800	174000	203300	229300	285300	333400
70	51400	64000	74700	93000	108500	122500	138200	152400	165700	178000	200800	221600	258800	291900	363300	424300
76	64100	79800	93200	116000	135400	152800	172400	190200	206700	222200	250600	276500	322900	364200	453300	529400
82	78200	97900	114300	142300	166000	187500	211500	233300	253600	272500	307400	339200	396100	446800	556000	649500
88	95100	118400	138300	172000	200900	226700	255700	282200	306700	329600	371800	410200	479000	540400	672600	785500
94	123600	141400	165000	205500	239900	270800	305400	337000	366100	393600	444000	489900	572000	645300	803200	938000
100	134200	167000	195000	242800	283400	319800	360800	398000	432600	464000	524400	578600	675800	762300	948800	1103000
106	157000	193400	228200	284000	331500	374000	422000	465600	506000	543800	613400	676900	790500	891700	1110000	1296000
113	186400	232000	271000	337300	393800	444400	501300	553000	601000	646000	728700	804000	939000	1059000	1318000	1539000
119	214300	266700	311500	387700	452600	510800	576200	635700	690900	742500	837500	924000	1079000	1217000	1515000	1769000
131	277500	345400	403400	502000	586000	661500	746200	823300	894700	961600	1085000	1197000	1398000	1577000	1962000	2292000
143	351400	437300	510800	635700	742200	837500	944700	1042000	1133000	1217000	1373000	1515000	1769000	1996000	2484000	2902000
156	444000	552700	645500	803400	937900	1059000	1194000	1317000	1432000	1539000	1736000	1915000	2239000	2523000	3140000	3667000
169	550800	685600	800700	996600	1163000	1313000	1481000	1634000	1776000	1909000	2158000	2375000	2774000	3129000	3895000	4549000
192	777000	966000	1129000	1405000	1640000	1851000	2088000	2304000	2503000	2690000	3035000	3349000	3911000	4411000	5490000	6412000
216	1066000	1327000	1550000	1929000	2252000	2541000	2806000	3163000	3437000	3694000	4167000	4598000	5370000	6057000	7538000	8804000
241	1432000	1782000	2081000	2590000	3024000	3412000	3849000	4247000	4615000	4960000	5595000	6174000	7210000	8133000	10122000	11822000
264	1830000	2277000	2660000	3310000	3864000	4361000	4949000	5428000	5899000	6339000	7150000	7890000	9215000	10394000	12936000	15109000
290	2356000	2932000	3425000	4260000	4976000	5615000	6334000	6989000	7595000	8163000	9207000	10159000	11866000	13384000	16657000	19455000

Rohrweiten für Vakuumdampfleitungen (isol.)

mittlerer Druck in der Rohrstrecke 0,9 atm.abs.

Tafel:17

Zu fördernde Wärmemenge bei einem Druckabfall des Dampfes von (kg/lfd.mtr.)

I.D. mm	2	3	4	6	8	10	12,5	15	17,3	20	25	30	40	50	75	100
11	370	460	540	680	790	890	1000	1100	1200	1300	1460	1600	1880	2120	2640	3100
14	720	890	1040	1300	1510	1700	1920	2100	2300	2480	2800	3100	3600	4060	5050	5900
20	1870	2320	2700	3380	3940	4450	5000	5530	6000	6460	7300	8000	9400	10600	13200	15400
25	3400	4230	4940	6200	7200	8100	9100	10100	11000	11800	13300	14700	17100	19300	24100	28100
34	7800	9700	11300	14100	16400	18600	21000	23100	25100	27000	30400	33600	39200	44200	55000	64300
39	11500	14000	16400	20400	23800	26800	30300	33000	36300	39000	44000	48500	56700	64000	79600	93000
43	14600	18200	21300	26500	30900	34900	39400	43400	47200	50700	57200	63100	73700	83200	103500	120900
49	20800	25900	30300	37600	44000	49600	55900	61700	67100	72100	81300	89700	104800	118200	147200	171900
57	31300	38900	45400	56600	66000	74500	84000	92700	100800	108300	122200	134800	157400	177600	221000	258200
64	42700	53100	62100	77200	90200	101800	114800	126700	137600	147900	166900	184000	215000	242600	301900	352600
70	54300	67700	79000	98300	114800	129500	146100	161200	175200	188300	212400	234300	273700	308700	384200	448700
76	67800	84400	98600	122700	143200	161600	182300	201100	218600	234900	265000	292400	341500	385200	479400	559900
82	83200	103500	120900	150800	175700	198300	223600	246800	268200	288200	325100	358700	418900	472500	588000	686900
88	100600	125200	146200	182000	212300	239800	270500	298400	324300	348500	393100	433800	506600	571500	711300	830700
94	120200	149500	174600	217400	253700	286300	323000	356400	388000	416200	469500	518000	605000	682500	849400	992000
100	141900	176600	206300	256700	299700	338200	381500	421000	457500	491700	554600	611900	714700	806200	1003000	1172000
106	166000	206600	241300	300300	350600	395700	446300	492400	535000	575000	648700	715800	836000	943000	1174000	1371000
113	197200	245400	286600	356700	416400	470000	530000	584900	635600	683000	770600	850700	993900	1120000	1394000	1628000
119	226700	282000	329400	410000	478600	540200	609300	672300	730600	785200	885700	977300	1141000	1287000	1602000	1871000
131	293500	365300	426700	531000	619900	700000	789100	870700	946200	1017000	1147000	1265000	1478000	1667000	2075000	2424000
143	371600	462500	540100	672300	784800	885700	999000	1102000	1198000	1287000	1452000	1602000	1871000	2111000	2627000	3068000
156	469600	584500	682700	849700	991100	1119000	1262000	1393000	1514000	1627000	1838000	2025000	2365000	2668000	3320000	3878000
169	582500	725000	846800	1054000	1230000	1388000	1566000	1728000	1878000	2018000	2276000	2512000	2934000	3309000	4118000	4810000
192	821000	1022000	1194000	1485000	1734000	1957000	2208000	2436000	2647000	2845000	3209000	3541000	4136000	4665000	5806000	6781000
216	1127000	1403000	1639000	2040000	2381000	2687000	3031000	3345000	3635000	3906000	4406000	4862000	5679000	6405000	7972000	9310000
241	1514000	1884000	2201000	2739000	3197000	3608000	4070000	4491000	4881000	5245000	5917000	6528000	7625000	8601000	10705000	12502000
264	1935000	2408000	2812000	3500000	4086000	4612000	5202000	5740000	6238000	6704000	7562000	8344000	9745000	10992000	13681000	15978000
290	2491000	3101000	3621000	4507000	5262000	5938000	6698000	7391000	8032000	8632000	9737000	10744000	12546000	14153000	17615000	20574000

Rohrweiten für Vakuumdampfleitungen. (isol.)

mittlerer Druck in der Rohrstrecke 1,0 atm. abs.

Tafel: 18

Zu fördernde Wärmemenge bei einem Druckabfall des Dampfes von (kg/lfd.mtr.)

I.D. mm	2	3	4	6	8	10	12,5	15	17,5	20	25	30	40	50	75	100
11	400	490	570	700	830	940	1060	1160	1270	1360	1530	1700	1980	2230	2770	3240
14	750	940	1160	1360	1590	1800	2020	2230	2420	2600	2940	3240	3780	4270	5300	6200
20	1960	2440	2850	3550	4200	4700	5300	5820	6300	6800	7700	8500	9900	11100	13900	16200
25	3580	4450	5200	6470	7550	8500	9600	10600	11500	12400	14000	15400	18000	20300	25300	29500
34	8200	10200	11900	14800	17300	19500	22000	24300	26400	28300	32000	35300	41200	46500	57800	67600
39	11800	14700	17200	21400	25000	28200	31800	35100	38200	41000	46300	51000	59600	67200	83700	97700
43	15400	19200	22400	27900	32500	36700	41400	45700	49700	53300	60200	66400	77500	87400	108800	127000
49	21900	27200	31800	39600	46200	52100	58800	64900	70500	75800	85500	94300	110200	124300	154700	181000
57	32900	40900	47800	59500	69400	78300	88400	97500	106000	113900	128400	141700	165500	186700	232400	271400
64	44900	55900	65300	81200	94800	107000	120700	133200	144700	155500	175400	193600	226100	255000	317400	370700
70	57200	71100	83000	103400	120700	136200	153600	169500	184200	198000	223300	246300	287700	324500	403900	471800
76	71300	88700	103600	129000	150500	169900	191600	211500	229800	247000	278600	307400	359000	405000	504000	588600
82	87500	108800	127100	158200	184700	208400	235100	259400	281900	303000	341600	377100	440400	496800	618300	722100
88	105800	130800	153700	191300	223300	252100	284300	313700	340900	366400	413300	456000	532600	600800	747700	873300
94	126300	157200	185700	228500	266700	301000	339500	374700	407200	437600	493600	544600	636100	717500	898000	1043000
100	149400	185700	216900	269900	315000	355600	401000	442600	481000	516900	583000	643300	751400	847500	1055900	1232000
106	171500	217200	253700	315700	368600	416200	469200	517700	562600	604600	682600	752500	878900	991400	1234000	1441000
113	207300	258000	301300	375000	437800	494100	557300	614900	668300	718200	810000	893900	1044000	1177000	1465000	1712000
119	238500	296500	346300	431200	503200	567900	640600	706800	768000	825500	931000	1027000	1200000	1353000	1684000	1967000
131	308600	384000	448400	558300	651700	735500	829600	915300	994800	1069000	1206000	1330000	1554000	1753000	2182000	2548000
143	390600	486200	567900	706800	825500	931000	1050000	1159000	1259000	1353000	1527000	1684000	1967000	2219000	2762000	3226000
156	493700	614500	717700	893200	1043000	1177000	1327000	1465000	1592000	1710000	1930000	2129000	2486000	2805000	3491000	4079000
169	612400	762200	890200	1108000	1293000	1460000	1646000	1817000	1974000	2122000	2393000	2641000	3084000	3479000	4330000	5057000
192	863300	1074000	1255000	1562000	1823000	2058000	2321000	2561000	2783000	2991000	3374000	3723000	4348000	4904000	6104000	7129000
216	1185000	1475000	1723000	2144000	2503000	2825000	3187000	3516000	3821000	4107000	4633000	5111000	5970000	6734000	8381000	9789000
241	1591000	1981000	2330000	2880000	3361000	3793000	4279000	4721000	5131000	5514000	6220000	6863000	8016000	9042000	11254000	13144000
264	2034000	2532000	2957000	3680000	4296000	4848000	5469000	6034000	6558000	7048000	7950000	8772000	10245000	11556000	14382000	16798000
290	2619000	3260000	3807000	4739000	5532000	6243000	7042000	7770000	8444000	9075000	10236000	11295000	13192000	14880000	18519000	21629000

GESUNDHEITS-INGENIEUR

ZEITSCHRIFT FÜR DIE GESAMTE STÄDTEHYGIENE

Organ der Versuchsanstalt für Heiz- und Lüftungswesen der Technischen Hochschule Berlin, des Verbandes der Zentralheizungsindustrie, der Vereinigung behördlicher Ingenieure des Maschinen- und Heizungswesens und des Vereins deutscher Heizungsingenieure, Bezirk Berlin.

Herausgegeben von

RUD. ABEL, HUGO ERICH V. BOEHMER, G. DIETRICH, ROB. WEYRAUCH

48. Jahrgang 1925

Erscheint wöchentlich.   Preis vierteljährlich M. 4.—

✳

BEIHEFTE ZUM GESUNDHEITS-INGENIEUR

Reihe I: Arbeiten aus dem Heizungs- und Lüftungsfach. Mitteilungen der Prüfanstalt für Heiz- und Lüftungsanlagen der Technischen Hochschule zu Berlin. Lex. 8°

Herausgegeben von

K. BRABBÉE

Die Bezieher des »Gesundheits-Ingenieur« erhalten auf obige Preise 25 vH Nachlaß

R. OLDENBOURG VERLAG / MÜNCHEN UND BERLIN

BÜCHER ÜBER HEIZTECHNIK